数字的故事

数字如何塑造我们的世界

[英]伊莎贝尔·托马斯　[英]罗伯特·克兰顿

[英]玛丽亚·伊丽莎白·尼比乌斯　[英]拉斐尔·霍尼格斯坦　著

[斯洛伐克]丹妮拉·奥莱杰尼卡瓦　绘　一川　译

北京联合出版公司
Beijing United Publishing Co.,Ltd.

目录

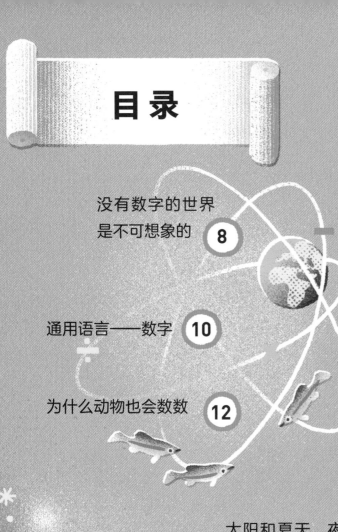

公元前 2000 年

公元前 1000 年

苏美尔（公元前 4000 年 ~ 公元前 2000 年）

巴比伦（公元前 1894 年 ~ 公元前 539 年）

古希腊（公元前 800 年 ~ 公元前 146 年）

古罗马（公元前 753 年 ~476 年）

一种新的、更方便的系统：
现代测量方法 **24**

新的质量标准：千克 **28**

谷物、贝壳和硬币：
货币的发明 **30**

从北极到赤道："米"的发明 **26**

多热才算热？科学家提出
的测量温度的"酷"方法 **32**

时间到了！同一个世界，
同一个时钟 **42**

图案和数字：理解自然 **50**

夜以继日：为什么有时区 **44**

0 和 1：为什么计算
机只用两个数字？ **52**

24 时、60 分、60 秒：
人类怎样设计出一
套测量时间的系统 **46**

解密专家！将信息
转换成数字，将数
字转换成信息 **54**

稍等一下！看看一秒
内会发生哪些事 **48**

数字是无限的，
可能性也是 **56**

1000 年

2000 年

法国大革命（1789 年）

第二次世界大战（1939 年～1945 年）

没有数字的世界是不可想象的

数字无处不在。它们帮助我们理解世界，也让我们的生活变得更加方便。

通过仔细研究隐藏在表象之下的数字，我们可以更好地理解几乎所有的事物。关于数字的研究叫作数学。通过揭示数学模型，我们能够探索宇宙的历史及其中的一切，大到巨型行星的诞生，小到蚂蚁的行为。

通过观察和总结自然界中的规律和模式，我们学会了创造新的事物，从电、灯光到深入云层的建筑物、飞向月球的火箭，以及能够在瞬间进行数百万次计算的计算机。

你能想到一些数字吗？这本书的页码在哪里？你家里有几口人？或者你已经过了几个生日？距离下一次生日还有多少天？

人是唯一能够这样使用数字的生物，狐狸不会庆祝生日，苍蝇不知道自己有多少个兄弟姐妹。

你能想象一个没有数字的世界吗？刚开始，这似乎会让你松口气，特别是当你的数学考试快到的时候。不过，数字很可能是我们最重要的发明。没有数字，我们就会回到原始状态。这本书将告诉你为什么。

通用语言——数字

在全世界，数字的加、减、乘、除遵循相同的基本法则。

2+2 总是等于 4，5-3 总是等于 2，3×3 总是等于 9，10÷2 总是等于 5。

因为所有人都理解并接受这些法则，所以数字就像是全世界通用的语言。

简单的数字游戏就能给你带来各种各样的惊喜。试试这个——这是印度数学家卡普耶卡（D. R. Kaprekar）发现的——无论你怎么做，它都成立！

第1步

选择一个四位数
（至少有两个不同的数字）。

4793

第2步

将所有数字从大到小排列，然后
从小到大排列。

9743　3479

第3步

用较大的数减去较小的数。*

*编者注：如果相减结果小于 1000，则千
位数补 0 继续算。

9743 - 3479 = 6264

第4步

重复步骤 2 和 3——最多重复 7 次。

6642 - 2466 = 4176
7641 - 1467 = 6174

无论从哪个四位数开始，你总会得到
6174——这就是"卡普耶卡常数"。
动手试一下吧！

6174

为什么动物也会数数

小时候，你扳着手指学习数数，但现在你可以轻松地做算术题。你大概能很快找出两堆糖果中比较多的那堆。这种看一眼就能比较出数量多少的能力叫作数感。我们刚出生时就有数感，而且随着长大，我们的数感会越来越好。

许多动物也有着不错的数感，数感在很多方面都非常有用。

骨顶鸡会记住自己产下的蛋的数量，如果巢中突然出现多余的蛋（一只懒鸟下的蛋，它想让别的鸟类喂养自己的幼鸟），骨顶鸡就会将这些蛋踢出巢外。

圆蛛似乎能数出蛛网所捕获的猎物的数量。实验中，科学家趁圆蛛不注意，拿走被它们捕获的苍蝇。结果发现，被拿走的苍蝇越多，圆蛛搜寻的时间越长。

雌食蚊鱼一眼就能分辨有 3 条鱼的鱼群和 4 条鱼的鱼群。它们会选择加入更大的鱼群，这意味着被捕食者吃掉的可能性更小一些。

在攻击竞争对手之前，斑鬣狗会后退并仔细分辨敌对兽群中有多少种叫声。它们不是最勇猛的动物，为确保赢得战斗，它们只攻击比自己数量更少的兽群。

两只山羊换一袋粮食？

为什么数字在交易中必不可少

试想一下，你有一把糖果，而你的朋友有你非常喜欢的巧克力棒。如果你和他恰巧在同一个房间，你就可以马上用糖果换他的巧克力棒。你们都能清楚地看到对方拥有什么，并能商量出一个双方都满意的交换方法。

但是如果你想和朋友通过电话做同样的交换，那将会复杂得多。为了公平交换，你需要用语言描述糖果的数量。和远方的人进行商品交易是个挑战，但这也带来了数字和测量方法的使用。

从小……

当所有人都生活在村庄里的时候，人们交流起来很容易。最初，计数被用于一些简单的活动，比如从海里总共捕获了多少条鱼，一个牲口群里有多少头牲口，或者从一块地的一边到另一边要走多少步。

⋯⋯到大

随着乡镇和城市规模的扩大，人们需要更快速、更简单的方法去记录更大的数字。当人们从一个村庄走到另一个村庄，并开始分享或者出售粮食时，数字和测量方法的发展就成了必然。

最早有记录的度量衡系统起源于 5000 ~ 6000 年前。起初，住在村庄里的人并不远行。每个族群都有自己测量长度、体积和重量的方法。此外，粮食和液体体积的测量方法完全不同，布料和农田的测量方法也大不相同。当人们想要和远方的人买卖农作物或手工艺品时，就需要找到一种所有人都能懂的数字语言。这个问题的解决方法是建立度量衡标准。只有使用所有人都认同的计量单位，再加上数字，才有可能让商品交易更加公平。

所以，我们关于数字的想法来自哪里？在 1、2、3⋯⋯出现之前，世界是什么样子的？让我们回到几千年前，看看古人是如何开始使用数字的吧！

手、算筹和算盘：
古代人如何记数？

在过去的数千年中，世界上不同的文明发展出各自独特的记数方法，最终演变成我们今天所使用的方法。

当需要记数时，古人会使用手指和脚趾，或者在合适的物体上做记号：已发现的带有刻痕的古代动物骨头，就像一张密密麻麻的统计图表。这种记数方法（为每件物品做标记）的问题是，骨头很快就记满了。

苏美尔人
约6000年前

苏美尔人是伟大的发明家。他们发明了轮子、种植技术，甚至文字。苏美尔人居住在美索不达米亚地区（主要在现在的伊拉克）。随着所辖地区变得越来越辽阔和强大，苏美尔文明传播得越来越广，因此他们需要保存非常大量的数字。他们采用的是以 60 为基数的记数系统（六十进制）。如今，数学采用的是以 10 为基数的记数系统（十进制），但苏美尔人的六十进制并没有完全消失——看看你是否能在这本书的后面发现它。

巴比伦人
约4000年前

巴比伦人征服了整个美索不达米亚。巴比伦成为美索不达米亚南部的首都，并持续了 1000 多年。巴比伦人同样使用苏美尔人发明的楔形文字，并且同样以 60 为基数记数。

古罗马人

约2500年前

古罗马人使用的数字系统是最有名的数字系统之一。罗马数字有点像你从 1 数到 10 时手指的样子。但是对于需要超过两只手来表示的比较大的数字，这个系统就不太好用了。

因此，古罗马人借助"算盘"来计算：在一块盘子上移动小石头（或者叫"筹珠"），再根据它们最终的摆放位置得出计算结果。

古中国人

约3000年前*

有些古老文明会使用某些小东西来记数，比如小棍子（称为"算筹"）。他们把算筹从一堆移到另一堆，表示数量变小或者变大。当数字超过 5 后，古中国人不再多加算筹来表示数字变大，而是通过改变算筹的摆放位置来表示。

* 编者注：算筹的出现年代已经不可查考，但据史料推测，它最晚出现在春秋时期（公元前 770 年～公元前 476 年）。

从0到9：
如今我们用作数字的10个符号

当古罗马人仍在使用"算盘"的时候，其他地方的人们继续发展数字系统，以便快速、准确地计数、称重和测量。在大约 1500 年前的印度，数学家们创造出 10 个符号，用于表示数字 0 到 9。印度人最伟大的发明是 0，一个用于表示"空"的数字——想象一下碗里没有了糖果。这种数字系统被称为十进制，并很快普及开来。

这些符号与记数标记或者算筹不同，它们只是图像，就像英语中的 26 个字母，只是代表某些发音的抽象符号。

这是印度人创造的从 0 到 9 的图像。

渐渐地，这些符号传播到中东甚至更远的地方，并演变成这样。

每个使用这些符号的文明都对数字的写法进行了改进。

最终，它们变成了我们今天所使用的数字。它们就是"阿拉伯数字"。

印度 1500年前	०	१	२	३	४	५	६	७	८	९
阿拉伯 1200年前	٠	١	٢	٣	٤	٥	٦	٧	٨	٩
中世纪欧洲 900年前	o	I	2	3	8	५	6	۸	8	9
大部分国家 今天	0	1	2	3	4	5	6	7	8	9

试着从上到下看看每一列，你能看出每个数字是怎样演化的吗？

如今，阿拉伯数字几乎在全世界范围内通用，原因在于：用这 10 个数字可以写出你能想到的任何数，不管它有多大。

两位数可以表示一个班级里学生的人数。

三位数可以表示一个年级的学生人数。

五位数可以表示一个体育场里的人数。

七位数可以表示一座中型城市里的人数。

如果你想用记数标记的方法来记录全世界的人口，那么画出的线将长达 76 千米！这可不太实际。

十位数可以表示全世界的人数。*

*编者注：图中数据为 2018~2019 年统计的世界人口总数。

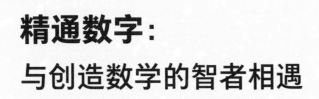

精通数字：
与创造数学的智者相遇

无论你相不相信，今天你在数学课上学习的数字运用规则是由几百年前一些非常聪明的人所创立的。他们喜欢研究数学模型，并且最喜欢无解的难题。

我知道了！

欧几里得

约2300年前

人们称我为"几何之父"。我写过一本书*，它是有史以来最重要的书之一。尽管我对你们今天所用的数字一无所知，但这本书却被用作数学教科书长达 23 个世纪。

*编者注：指《几何原本》。

阿基米德

约2300年前

我运用数学来创造奇妙的发明，以及解答有意思（但需要承认的是没有什么实际用处）的问题，例如推算需要多少颗沙粒才能将整个宇宙空间填满。我最有名的故事是关于洗澡的，因为我发现当身体进入水中之后，被排开的水的体积与我身体的体积相同*。

*编者注：后总结为阿基米德定律。

亚历山大城的海巴夏

约1650年前

我是历史上第一个著名的女数学家，也是我那个时代最伟大的数学家。学生们从四面八方赶来听我讲授数学、天文学和哲学。

婆罗摩笈多

约1400年前

我提出在加减计算中，0 的使用规则应和其他数字一样。例如，如果你用一个正数减去 0（3-0=3），或者用一个负数减去 0（-3-0=-3）会得到什么？这使得很多新的计算成为可能。

手臂、手和种子：
最早的测量方法来源于自然

随着文明的发展，人们需要一些测量方法来帮助完成水果、蔬菜、牲畜和蜂蜜等商品的交易。最早的测量方法源于人的身体和周围的世界。

肘尺（又称腕尺）是古埃及人使用的测量单位。它是根据人的肘部到中指指尖的长度而定的。

罗马步是古罗马的长度单位，一罗马步指从一只脚的脚后跟离地到再次着地的距离。1000 罗马步等于一罗马里。

古罗马人用手掌作为测量工具和单位。如今，在一些英语国家，人们仍然用手来测量马的身高。

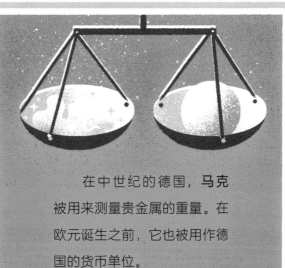

在中世纪的德国，马克被用来测量贵金属的重量。在欧元诞生之前，它也被用作德国的货币单位。

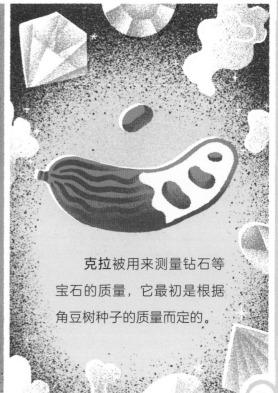

克拉被用来测量钻石等宝石的质量，它最初是根据角豆树种子的质量而定的。

升 ~ 克 ~ 米

一种新的、更方便的系统：
现代测量方法

数百年来，人们使用不同的计量单位来买卖商品。这就会造成混乱，而且容易发生欺诈。正如我们所知，为了公平和社会发展，统治者们逐渐开始制定标准的度量衡系统。

一个革命性的体制

1789 年法国大革命之后，新的统治者想要推翻旧制度。这是法国发生巨大转变的时期，君主制被废除，取而代之的是一个追求人人平等的政治体制。

千	百	十	克 升 米	十分之一	百分之一	千分之一
1000	100	10		0.1	0.01	0.001

公制

法国人定义了一种通用的测量和记数方法。他们请科学家开发了一种十进制的，也就是以 10 为基数的测量体系。这套"公制"系统在当时并没有很快流行，但它的易用性使它逐渐在世界各地传播开来。其中，米和千克的发明尤其重要。今天，大多数国家使用公制度量衡，许多计量单位都用 10 的倍数来表示，比如千克（Kilogram）中就包含 1000（Kilo-）。

英制

一些较旧的度量衡系统至今仍在被使用，它们或者与公制同时使用，或者单独使用。1824 年，英国的一项度量衡法案制定了英制度量衡标准，并将其作为英国统一的度量衡制度。如今，在英国和美国，科学家们用厘米、米和千米来表示距离，但是道路标识中仍然使用古老的英制单位英尺和英里。

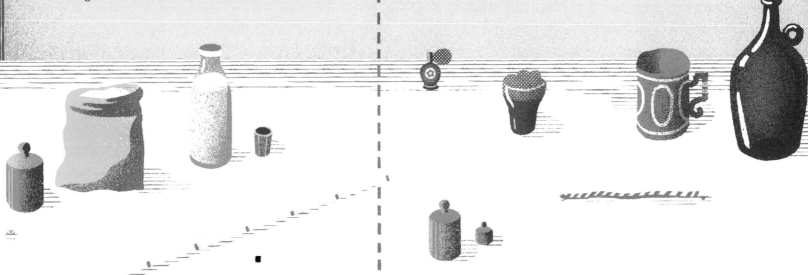

从北极到赤道："米"的发明

在法国大革命之前，世界上已经有许多几个世纪前就制定的距离测量系统。1793 年，新的通用长度单位"米"取代了之前的长度单位。尽管最初"米"的制定和推行都很困难，但它最终还是成了全世界测量长度的标准单位。

德朗布尔

梅尚

北极

经线

X

赤道

测量地球的大小

法国科学院决定根据地球的大小来设定米的长度。为此，皮埃尔·弗朗索瓦·安德烈·梅尚和让·巴蒂斯特·约瑟夫·德朗布尔两位科学家开始测量赤道（一条假想的环绕地球的圆圈，是南半球和北半球的分界线）和北极点之间的子午线（经线）的长度，该子午线穿过巴黎。

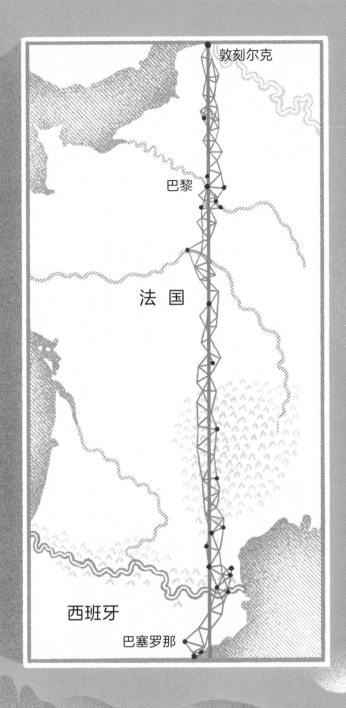

从敦刻尔克到巴塞罗那

去北极测量两极之间的距离是非常困难的，但是德朗布尔和梅尚想出了一个巧妙的办法：他们选择了要测量的子午线的一小段——从法国北部的敦刻尔克到西班牙的巴塞罗那，通过测量这两座城市之间的距离，再算上地球的曲率，最终计算出子午线的总长度。

$$\frac{x}{10\,000\,000} = 米$$

一个新的标准

两位科学家花了 6 年多的时间才完成测量任务，最终的结果采用一种叫作突阿斯（toise）的旧单位来表示，取其千万分之一就得到了新的长度单位——米。法国人用贵金属铂制作了一根一米长的杆子（即米原器），并把它放在巴黎的国家档案馆。后来，它的复制品被送往其他国家，又过了 150 年，世界上大多数的国家才接受了这种计量标准。*

*编者注：由于米原器会因为温度的变化而产生极其轻微的伸长或缩短，因此在 1983 年，米的长度改由光在真空中的运行速度来定义。

千米和毫米

米的使用是一个起点。如今，我们能够测量任何距离的长度，从你上学的路程到微小细胞的尺寸。通常比较长的距离用千米（1 千米 =1000 米）来表示，而比较短的距离用毫米（1 毫米 =0.001 米）来表示。

新的质量标准：千克

在制定了新的距离测量标准后，法国科学家开始制定新的质量标准。新的质量单位叫作千克，是依据一立方分米（边长为 10 厘米的立方体的体积）水的质量确定的。因为水的密度与温度相关，所以当时科学家们以水在冰点（水结冰时的温度，即 0℃）时的密度为标准来计算其质量。*

* 编者注：水的质量等于水的体积乘以密度。

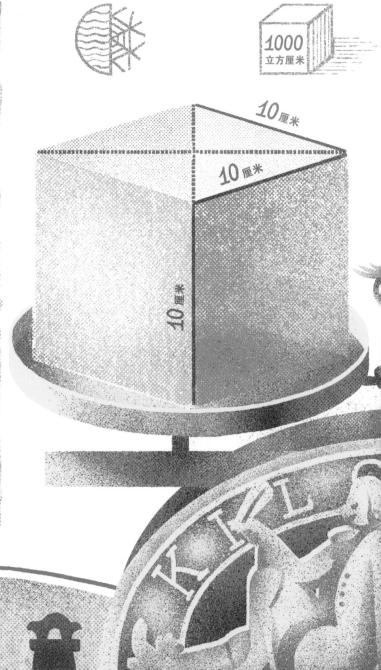

大多数欧洲人用磅来表示商品的质量，它来源于古罗马的计量单位 libra（拉丁语意为"天平"）。然而，许多国家和地区都发展出了各自的磅，这就使得跨国贸易变得十分复杂。例如，英国的一磅白银和德国的一磅黄金在实际质量上就有很大差别。

1793 年，第一个一千克的原器被命名为 grave，它由黄铜制成。6 年后，子午线的测量完成，确定了单位米的标准，这使科学家可以对立方体进行精确的测量。已知水在 4℃时密度最大、体积最小，所以对于千克的定义，科学家们将水的温度从 0℃调整为 4℃，这样测量出的一千克的数值更加精确。人们用与米原器相同的材料，即贵金属铂，制作了一块一千克的原器，同样存放在法国巴黎的国家档案馆。

第三个一千克的原器产生于 1879 年，由珍贵而且更加坚硬的铂铱合金制成。它被称为国际千克原器，它的复制品也被送往世界各地，以便其他地区也能够使用。不久之后，世界上大多数的国家开始使用千克作为质量单位，尽管在某些国家，例如美国和英国，人们仍然使用磅或者英石。如今，国际千克原器存放在巴黎郊外一栋建筑中的保险箱里。*

* 编者注：近几年，国际千克原器的质量发生了轻微的改变，2018 年国际计量大会决定让它退役，改以普朗克常数为新标准来重新定义千克。

谷物、贝壳和硬币:
货币的发明

如果有了零花钱，你就会知道钱的用处：你可以用它来买东西，或者把它存起来将来买大件物品。但是人类为什么发明货币？在硬币和纸币出现之前，人们又是怎样购买物品的呢？

在货币出现之前

在人类早期，人们相互之间直接交换物品和服务，这叫作以物易物。例如，在石器时代，人们可以用猛犸象毛皮大衣交换别人的斧子。但以物易物并不总是可行的，如果有斧子的人已经拥有了一件漂亮的毛皮大衣，而他更想要一条新的毛毯呢？

用作货币的物品

当人们接受将每天都需要的日常用品——牲畜或粮食——作为支付货币后，交易就变得顺畅多了。在某些地方，人们曾用贝壳作为货币。但这仍然存在问题，因为这种东西的价值在不同的地方、对不同的人而言存在差异。

硬币和纸币

后来，人们选择用金或银铸成的硬币来进行商品交易。古吕底亚人是最早铸造硬币的民族之一，他们在大约公元前 700 年铸造了一批硬币。约 1700 年后，中国人开始使用纸币——交子，这就让大额资金更容易携带。

今天的货币

今天，你拿到的零花钱里的硬币和纸币之所以有价值，是因为所有人都承认它们，就像大多数商家都接受用银行卡或手机支付——以数字形式把钱直接从你的银行账户转到他们的银行账户。

多热才算热？
科学家提出的测量温度的"酷"方法

　　如果你在炎热的夏天跳进游泳池，会感觉水很凉，但在寒冷的天气里，同样温度的水你会感觉很温暖。人体非常善于通过皮肤中的神经系统感知温度的变化，但当实际温度保持不变时，每个人的感受是不同的。春天，有些孩子不穿外套去上学会冷得发抖，而他们的朋友穿上外套又会觉得太热。对一个人来说温暖的东西，对另一个人来说可能很冷。因此，为了确定实际的温度，人们不得不发明一种测量它的方法。

最早用来测量温度的仪器由古罗马人发明，用于观察水被加热时的变化。直到 1714 年，德国科学家丹尼尔·加布里埃尔·华伦海特才发明出一种更可靠的方法。

华伦海特将测温物质从水替换为水银——一种受热时会膨胀的液态金属。在华氏温标中，他将冰、水和氯化铵混合物的温度定为 0 华氏度，将水的冰点定为 32 华氏度，将健康人的体温定为 96 华氏度。

华氏温度和摄氏温度的换算方法：用华氏温度减去 32，结果再除以 1.8，得到的就是摄氏温度。

后来，华伦海特对华氏温标进行了扩展，将水的冰点定为 32 华氏度，水的沸点定为 212 华氏度，两者相差 180 度。如今，在美国和其他一些国家，人们仍然使用华氏温度（华氏度或者℉）来描述温度。

然而，大多数国家采用了另外一套系统：摄氏温度（摄氏度或者℃），它以瑞典科学家安德斯·摄尔修斯的名字命名。1742 年，摄尔修斯提出了摄氏温标，以水的冰点为 100 摄氏度，水的沸点为 0 摄氏度。后来，这个温标被颠倒过来，并一直沿用至今。因为摄氏温度比华氏温度更方便使用，所以它成为更受欢迎的温度计量系统。

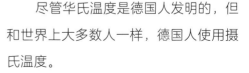

尽管华氏温度是德国人发明的，但和世界上大多数人一样，德国人使用摄氏温度。

太阳和夏天，夜晚和冬天：
时间和历法的起源

　　在发明了记录物品的数字后，人们还得想出记录时间的方法。起初，人们就靠观察自然变化的规律，例如，太阳每天都会升起和落下，春天花儿会盛开，秋天树叶会变黄，冬天动物会冬眠。

　　人们总是持续关注着季节的变换，因为他们需要在合适的时间耕种和收割庄稼。但通过这些自然现象来判断并不是完全可靠的，暖冬就可能会误导农民过早地播种，而如果幼苗因霜冻而死，那么就可能会出现饥荒。随着文明的发展，人们需要一种更可靠的方法来记录一年中的时间。

　　我们今天使用的历法经历了 5000 多年漫长的发展。为了了解它的根源，我们需要回顾那些古老文明所创制出的不同历法。

四月

		1	2	3	4
5	6	7	8	9	10	11
12	13	14	15	16	17	18
19	20	21	22	23	24	25
26	27	28	29	30		

从基本概念开始：
天、月、年

你不需要成为一位数学家就能理解天、月、年是如何根据地球的运动而确定的。

白天和黑夜是由地球自转引起的。在任何时候，地球总是一半朝向太阳，另外一半处于黑暗之中。

石头、星星和月亮：
古人如何发明了不同的历法

历法是一种时间系统，它依据一定的法则，将"天"组合成更长的时间周期。早期的历法各地不一，这取决于人们想要记录时间的原因。

有些远古遗迹，例如英国的巨石阵，它的建造也许就是为了记录季节的变化，方式是观察太阳在天空中的位置。在一年中的某些天里，太阳升起或落下的地方正好与某两块石头在同一条线上。

在古埃及，人们根据星象制定了最早的历法。古埃及人生活在尼罗河两岸：尼罗河定期泛滥，使干旱的土地变得肥沃，从而能够种植庄稼。古埃及人注意到，每次泛滥发生前，天狼星总会出现在天空中的同一个位置，好像在提醒他们做好准备。他们计算出每365天这种情况就会发生一次。

巴比伦人注意到，每30天左右月亮就会发生一轮圆缺变化。他们把12个完整的月亮变化周期计为一年，每个周期从出现在日落时的新月开始。我们今天所说的"一个月"就起源于这种变化周期。

现代历法：
一项500岁的发明

在古希腊，人们根据太阳和月亮制定了历法。12 个月亮变化周期，也就是 12 个 30 天的"月"，加起来总共 360 天。而根据太阳在天空中的位置制定的"太阳年"，一年大约 365 天。为了弥补两者之间 5 天的差距，聪明的古希腊人又增加了一个月：每 19 年为一个周期，前 12 年有 12 个月，后 7 年有 13 个月。

恺撒

在古罗马，尤利乌斯·恺撒定下了一种历法：一年 365 天，每 4 年多加一天，以使日历与太阳年天数同步，多出一天的年份被称为闰年。这种历法中每年有 12 个月，按照月亮运转的完整周期而定。罗马帝国的强大使这种被称为儒略历（尤利乌斯也被译为儒略）的历法传遍全欧洲。如今，这多出来的一天就是 2 月 29 日。

由于太阳年的实际时间是 365 天 5 时 49 分左右，到了 16 世纪，儒略历已经比太阳年时间滞后了 10 天。为了消除这个偏差，教皇格里高利十三世要求数学家和天文学家解决这多出来的 5 小时 49 分钟。解决的办法是，每隔几百年就必须跳过一个闰年，于是他们规定每个世纪的第一年须跳过闰年，而且前提是这个年份不能被 400 整除。所以，这意味着 2000 年是闰年（2000÷400=5），而 2100 年不是（2100÷400=5.25）闰年。世界上大多数国家，包括中国，今天仍然在使用格里高利历（公历）。

在格里高利历被广泛使用的同时，其他历法也在发挥作用，这些历法大多与月球的运动及月相有紧密的关系。在中国，无数人根据传统的农历来确定节日甚至婚礼或葬礼的举行日期。* 犹太历也被用来确定举行宗教仪式的日期。犹太历的新年指 9 月或 10 月的丰收季节，它标志着一年农作的结束和新一年的开始。

* 编者注：月相的变化周期大约是 29.5 天，所以农历每个月有 29 天或 30 天，12 个月共 354 天或 355 天，与太阳年相差 11 天左右，因此农历每两年或三年也会设置一个闰月。

时间到了！
同一个世界，同一个时钟

　　为了按时上学，你每天早上几点起床？你什么时候去你最好的朋友家里玩？熄灯之前，你留了多少时间在床上看书（要注意姿态和光线合适，避免伤害你的眼睛）？你只要看一眼时钟，就能知道这些时间。但我们今天所用的这些时间单位——时、分、秒，它们都经历了漫长的发展过程。下面就来了解一下它们的由来吧。

太阳的位置

　　以前在欧洲，一个村庄或城镇通常只有一个时钟，它们一般被安放在高高的钟楼上面。这些时钟上的时间是根据太阳来设定的：当太阳在天空中的最高位置时，便是一天中的正午，不同于今天的中午 12 点。这意味着即使是同一个国家的乡镇和城市，也有不同的时间，它们可能存在几分钟甚至几个小时的时间差。

　　这使生活变得很不方便。当人们乘火车或者轮船出行时，应当采用出发地的时间，还是目的地的时间呢？如果你约定下午 6 点与某个人见面，那是用你所在地区的时间，还是他所在地区的时间呢？起初，人们通过在旅途中调整自己的钟表来解决这个问题。旅行公司甚至专门印制了资料单，告诉旅客怎样调整钟表。

统一时钟

然而，英国铁路公司试图找到一个更好的解决方案——全国统一的标准时间。1847 年，格林尼治标准时间（GMT）——英国伦敦格林尼治天文台所在地的时间——被选为英国铁路时刻表的标准时间。这就是著名的"铁路时间"。

到了 19 世纪晚期，人们已经意识到在世界各地使用标准时间的重要性。当时，美国和世界上大多数国家的海图 * 也都采用了格林尼治标准时间作为计算经度的标准。因此，在 1884 年，格林尼治标准时间被选定为国际标准时间。

* 编者注：航海用的标明海洋情况的图。

安伯盖特 - 诺丁汉 - 波士顿 - 东部枢纽□□特此通知：
诺丁汉—格兰瑟姆线路将于 7 月 15 日（周一□□□共客运服务。

1850 年 7 月时刻表
所有车站统一使用格林尼治时间

站 点	下行线 诺丁汉至格兰瑟姆			星期日		票价 自诺丁汉
	1	2	3	1	2	
	二等 三等车	二等 三等车 政府车	特快 政府车	午 三等车	一等 二等	
始发站： 诺丁汉	上午 10 10	下午 1 15	下午 3 45	午 0	下午 8 0	... ...
拉特克利夫	3□ 10	1 39	3 58	3□ 9 16	3□ 10 5□	
宾厄姆	9 10	3□ 7 36	4 8	9 33 9 36	3□ 9 0□ 9 0	
	10□ 10 42	4 4	13 39	9 36 3□ 9□ 10 10	0 10□	
	13 10	5□ 2 14	4 29	9 47 9 4□	4 4□3 32	0 0
□斯福德 ...	13□ 10 33	2 28	4 29	9 56 9 5□	5 5□3 32 7 1	3□
□布鲁克 ...	18□ 11 C	2 43	4 36	10 5 10	4 9□ 73 11 7 1 6□	
格兰瑟姆	22□ 11 15	3 0	4 45	15□10 15 9	0□ 9 11 1 10□	

站 点	上行线 格兰瑟姆至诺丁汉				星期日		票价 自格兰瑟姆
	1	2	3	4	1	2	

43

夜以继日：
为什么有时区

当你上床睡觉时，世界上另外一个地方的孩子正准备起床或者吃午饭。因为地球不停地自转，所以在不同的地方，太阳升起和落下的时间也不同。当有些地方还是早晨的时候，另一些地方已经到了午饭时间，还有一些地方则是晚上。为了生活方便，大多数国家使用单一时区制。但也有一些国家，比如美国，因为幅员辽阔，不同的地区或州使用各自时区的时间。

-11 -10 -9 -8 -7 -6 -5 -4 -3 -2 -1

左边地球仪上有 24 条经线，相邻的两条经线间隔 15 度，地球每转动 15 度需要一个小时。在同一个时区的人要将时钟调整到相同的时间。

你知道吗?

尽管中国地跨 5 个时区，但实际上全中国使用单一时区制。全国所有人将时钟调到相同的时间以避免不便。中国国土非常辽阔，以至于有的城市在夏天晚上11 点还能看到美丽的日落。

+1 +2 +3 +4 +5 +6 +7 +8 +9 +10 +11 +12

如果知道格林尼治时间，就可以通过加减法计算出不同时区的时间。

24时、60分、60秒：
人类怎样设计出一套测量时间的系统

一天是地球绕自转轴旋转一周的时间——这一点无须争论。但是为什么人们认定一天有 24 个小时，一小时有 60 分钟，以及一分钟有 60 秒呢？这就要将地球和它的自转联系起来，所以人们开始测量地球。

将一天分为24个小时

大约 3500 年前，古埃及人开始利用影子的长度和方向来测算白天的时间。他们根据对影子的测量将白天分成 12 个小时，根据星星的位置将夜晚分成 12 个小时，创造性地将一天划分为 24 个小时。这和我们今天用的小时很像，但是两者有一个巨大的差别：古埃及人用的小时在夏天时间更长（太阳停留在天空的时间长一些），在冬天时间更短。

测量地球

在测量时间的历史进程中，大约在 2260 年前，出现了一段插曲，当时古希腊天文学家埃拉托色尼估算出了地球的周长（绕地球一周的经线圈的长度）。他采用当时在科学家中流行的巴比伦记数系统，把这个巨大的圆周分为 60 个部分，创造了最早的纬度划分。在当时，六十进制比十进制更通用，也更灵活，因为很容易找到 60 的约数——2、3、4、5、6 等。当你想把一个圆分成 360 度，把一年分成 360 天，把一个小时分成 60 分钟，把一分钟分成 60 秒，或者像埃拉托色尼那样划分地球时，六十进制就很方便。

从近似到精确

因为古埃及人使用的"小时"夏天长而冬天短，到了大约公元前140年，古希腊天文学家喜帕恰斯开始寻找一种更精确的方法来记录太阳、月亮和星星的运动，他提出将一天的24小时平分为相等的长度。为此，喜帕恰斯用360条假想的线将地球从南极点到北极点垂直划分（埃拉托色尼是将地球表面水平划分），创造性地提出了地球经线的概念。

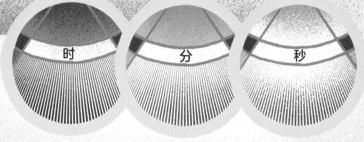

时　　　　分　　　　秒

分和秒

古希腊天文学家托勒密更进一步，他将360度的经度和纬度各分为60个等份，每个等份又细分为60个更小的部分——可能是为了更精确地进行定位。直到今天，经度和纬度、分和秒仍然被用于标绘地球上的位置，以及星星的位置。许多个世纪之后，"第一个"60等份最终变成了"分"，而"第二个"更小的60等份则变成了"秒"，正是我们今天日常使用的计时单位。

六十进制记数法

巴比伦人使用六十进制记数法，这是约6000年前苏美尔人发明的。有一种理论认为，苏美尔人用左手上除了大拇指外的4根手根上的共12个指节，以及右手的5根手指来表示1~60。如右图所示，用右手大拇指分别触碰左手的12根指节来表示1~12，用右手食指分别触碰12根指节来表示13~24，以此类推。

5×12=60

稍等一下！
看看一秒内会发生哪些事

你可以在一秒钟之内眨两三次眼。让我们看看在这么短的时间内还能发生什么……

地球绕太阳转动约30千米。

世界上跑得最快的人能跑约10.4米。

你的大脑能处理眼睛看到的将近 77 张不同的图像——例如，当你扫视人群，寻找你认识的人的时候。

55

50

45

国际空间站绕地球轨道
运行约 8 千米。

太阳发出的光在太空中传播约 30 万千米
——相当于绕地球赤道 7 圈半。

蜂鸟扇动翅膀 70 多次，
同时心脏跳动高达 21 次。

世界上最快的计算机可以
进行 415.5 千万亿次运算。*

*编者注：随着计算机技
术的快速发展，这项数据
也在不断攀升。

图案和数字：理解自然

自然和数字之间存在着一种迷人的联系，特定的数字和序列在自然界中随处可见。

斐波那契数列

在自然界中，有些事物会以一种特定的序列重复出现。

意大利数学家斐波那契是有史以来最伟大的数学家之一，他在阿尔及利亚接触到了阿拉伯数字。利用数字 0 到 9，斐波那契能够用一种全新的方式探索数学。他因这个以他名字命名的数列而闻名于世：0，1，1，2，3，5，8，13，21，34……

数列中出现的每一个新数字都是它前两个数字之和——0+1=1，1+1=2，1+2=3，2+3=5，以此类推。斐波那契在计算兔子繁殖问题时提出了这个数列：如果养兔人从一对兔子开始饲养，一年后这对兔子可以繁殖多少对兔子？尽管兔子繁殖规律不符合斐波那契数列，但这样的数字规律在自然界中确实随处可见。

$$\frac{c}{d} = \pi$$

3.14159265358

∞

无穷（∞）不是一个数字，它用于表示永不结束或者没有极限。它在数学中很有用，例如，用来描述一直数下去或者对某样东西不断地取一半的情况。它也被用在物理学中，用来描述时间和空间的无限性。

φ和黄金比例

黄金比例是一种在自然界中普遍存在的数学比例，例如蜗牛壳上的螺旋形状和向日葵花盘上种子排列的图案，它还启发了许多著名的艺术和设计作品，包括胡夫金字塔。这个数学比例由一个特殊的数字定义，约1.618034，用符号 φ 表示。

你可以在右边的矩形中发现它。在这个特别的矩形中画一条线，创造一个边长为 a 的正方形，剩下的矩形（宽为 b）的长宽比将会与整个矩形的长宽比完全一样。这样你就得到了完美和谐的比例，并且 a÷b=φ。

π

你用任何一个圆的周长（绕圆一周的长度）去除以它的直径（连接圆周上两点并通过圆心的线段），得到的结果总是一样的：3.1415926535……这就是圆周率 π。小数点后面的数字似乎无穷无尽，强大的计算机程序已经计算出超过 31 万亿位数字，但并没有发现循环的情况。圆在我们周围甚至宇宙中随处可见，所以 π 有助于我们描述世界是如何运转的。

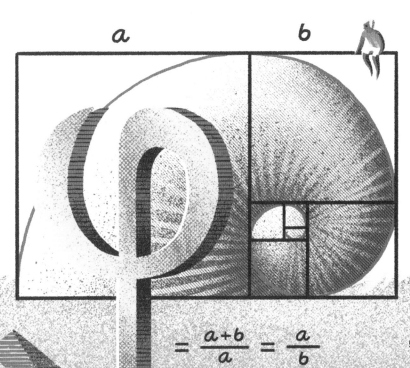

$$= \frac{a+b}{a} = \frac{a}{b}$$

0和1：为什么计算机只用两个数字？

我们的大脑能够处理1、2、3、4、5、6、7、8、9、0组成的数字（十进制），但计算机使用的数字系统要简单得多。令人惊讶的是，计算机编码的起源可以追溯到计算机发明的几百年前。1679年前，德国数学家戈特弗里德·威廉·莱布尼茨发明了二进制，一种只用0和1两个数字记数的方法。

如何用二进制表示 0 到 10：

在这个数字板上方，从右往左写下一栏数字，从1开始，依次乘2。

8	4	2	1	
0	0	0	0	0
0	0	0	1	1
0	0	1	0	2
0	0	1	1	3
0	1	0	0	4
0	1	0	1	5
0	1	1	0	6
0	1	1	1	7
1	0	0	0	8
1	0	0	1	9
1	0	1	0	10

如果要用二进制表示特定的数字（黑色），我们可以用顶端的红色数字相加，被用到的红色数字所对应的位置为1，没有被用到的红色数字所对应的位置为0。

比如，为了表示数字5，我们需要用4加上1，因此4和1所对应的位置为1，中间没有用到的2所对应的位置为0，结果就是101。如果要表示更大的数字，就需要增加纵列，二进制代码也会更长。

这是转换成二进制编码的字母表。你能用二进制写出你的名字拼音吗？

A	1000001	N	1001110
B	1000010	O	1001111
C	1000011	P	1010000
D	1000100	Q	1010001
E	1000101	R	1010010
F	1000110	S	1010011
G	1000111	T	1010100
H	1001000	U	1010101
I	1001001	V	1010110
J	1001010	W	1010111
K	1001011	X	1011000
L	1001100	Y	1011001
M	1001101	Z	1011010

两百多年后，当人们开始研发计算机时发现，二进制非常适合帮助人类与计算机进行"对话"。0和1这两个数字可以匹配电流的关闭（0）和开启（1）。

无论使用什么类型的计算机代码或编程语言来编写应用程序或电脑游戏，它们总是会被翻译成简单的二进制代码——计算机的语言。

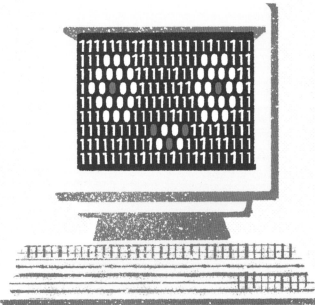

埃达·洛夫莱斯

1815～1852

埃达·洛夫莱斯是一位才华横溢的数学家，她对19世纪发明的"计算机器"非常着迷，并对其背后的数学原理进行了研究。她意识到，总有一天，"计算机"能够做的将远远超过数字计算。她预测它们将能够处理任何可以用数字编码的数据，包括音乐和图片。一百年后，她的预言成真了。如今，她被认为是最早的计算机程序员之一。

解密专家！
将信息转换成数字，将数字转换成信息

密码是一串载有特定信息的数字或者字符。密码通常是无法读懂的，只有当你知道它的加密原理时才能明白。

你能破解这串密码吗？ *

YM TAC SI YRGNUH

摩尔斯码

字母和数字被转换成点和短线。

历史上一些最有名的密码破译员是数学家。破译密码和秘密情报需要用到大量的数学知识。第二次世界大战初期，英国的许多顶尖数学家，包括艾伦·图灵和琼·克拉克，受召帮助破译德国人的加密文件。他们在一个叫作布莱切利园的秘密地点工作，其间使用了不可思议的数学机器！

* 将每个单词里的字母顺序倒过来。

恩尼格玛：
德国人如何发送秘密情报

起初，图灵和克拉克致力于破解德国军方的密码，这些密码是通过恩尼格玛密码机编写的。这种机器总共可以有超过 1 万亿亿种不同的设定。恩尼格玛密码被认为是无法破译的，因此用于发送特别重要的情报，例如轰炸机攻击的确切时间和地点。

"炸弹":
读取并解码信息

图灵非常擅于用数学知识发现密文的规律并找到背后的加密规则。他设计了一种叫作"炸弹"的机器,可以更快地破译恩尼格玛密码。然而,尽管有这台机器的帮助,破译工作仍然艰难而缓慢。为了破解敌人六天的情报,克拉克和她的同事要花费三个月的时间。

巨人计算机:
破译密码

1944年,布莱切利园的数学家们建造了一台电子机器,用来破译德国人用二进制代码传输的机密情报。相比"炸弹",巨人计算机能够在短得多的时间内进行数百万次的计算。它是世界上第一台大型电子计算机,帮助英国人及其盟友提前破获了德国的作战计划,加速了战争的结束。

数字是无限的，可能性也是

如果你认为数学复杂，那就想象一下自己是苏美尔人，使用六十进制记数。如果你觉得按时上学很困难，那就想象一下自己是古罗马人，只能通过日晷知晓时间。

数字始于记数，但它的作用远不止于此。当我们理解了其中的关联，就可以开始用数字来探索世界。

数字和时间是人类的发明，它们有助于地球上 78 亿 * 人的有序生活，使人类社会"像时钟一样准确"地运转。但它们还有更大的作用，例如，通过揭示隐藏在自然界中的数学模型，我们得以追溯地球及所有生命的历史。

*编者注：数据截至 2021 年 7 月。

在数千年来对数学的理解的基础上，我们已经能够借助数字建造摩天大楼，设计计算机，将人类送上月球，甚至将机器人送到更远的外太空。

但是我们还做不到无所不知，仍然有一些"不可能"的问题等待解决，宇宙也还有很多奥秘等待被揭开。

未来，你会有什么发现呢？

词汇表（按音序排列）

北极：地球自转轴的北端。

编码：编写指令集合告诉计算机如何去做。

程序员：编写计算机程序的人。

二进制：一种记数法，采用 0 和 1 两个数码，逢二进位。

法国大革命：法国人民推翻君主统治并掌握政权的一段历史时期。

服务：人的一种行为活动，对他人而言是有用的、有帮助的或者能够创造价值的。

格里高利历：全世界使用最多的历法，由教皇格里高利十三世于 1582 年颁行，也称"公历"。

古罗马：统治欧洲大部分地区近 1000 年的强大帝国。

古希腊：始于公元前 800 年左右的文明，持续到公元前 146 年罗马征服希腊。它被认为是西方文明的源头。

轨道：本书指物体在太空中围绕行星、月球或恒星运行的路径。

胡夫金字塔：古埃及人在埃及开罗附近建造的巨大金字塔。

货币：一种用于商品交易的系统。每个国家和地区都有自己的货币。

几何：数学的一个分支，研究空间图形的形状、大小和位置的相互关系等。

角豆树：一种常青树，花呈红色，豆荚可食用。

君主制：一种政体形式，由君主（国王或女王等）担任国家元首。君主拥有至高无上的权力。

吕底亚人：安纳托利亚古吕底亚王国的原住民或居民。

商品：对人们有用并且有价值，因此用于买卖的东西。

十进制： 一种记数法，采用 0、1、2、3、4、5、6、7、8、9 十个数码，逢十进位。

时区： 根据地球经线划定的一个个区域，区域内所有居民使用统一的时间。

数据： 信息的集合。

数字系统： 数字的集合或者用于表示数字的符号的集合。

太阳年： 一年 365 天，根据太阳在天空中的位置所定。

体积： 物体所占空间的大小，涉及高度、长度和宽度。

天文学： 研究地球大气层以外所有物体的科学，其中包括太阳、月球、行星、恒星、星系，以及宇宙中的所有其他物质。

楔形文字： 苏美尔人和巴比伦人使用的文字，由形状像楔子的符号或者字母组成。

约数： 一个数能够整除另一个数，这个数就是另一个数的约数。也叫因数。

哲学： 研究人类生活的基本问题的学科。

周期： 事物在运动、变化的发展过程中，某些特征多次重复出现，其接续两次出现所经过的时间。

自转轴： 穿过物体中心的实线或虚线，物体绕着它旋转。

图书在版编目（CIP）数据

数字的故事 /（英）伊莎贝尔·托马斯等著；
（斯洛伐）丹妮拉·奥莱杰尼卡瓦绘；一川译. -- 北京：
北京联合出版公司, 2021.11（2024.7 重印）
　ISBN 978-7-5596-5586-8

　Ⅰ. ①数… Ⅱ. ①伊… ②丹… ③一… Ⅲ. ①数字—
儿童读物 Ⅳ. ① O1-49

中国版本图书馆 CIP 数据核字 (2021) 第 191391 号

Original Title: In Great Numbers
Illustrated by Daniela Olejníková
Written by Isabel Thomas, Robert Klanten, Maria-Elisabeth Niebius, and Raphael Honigstein
Original edition conceived, edited and designed by Little Gestalten
Edited by Robert Klanten and Maria-Elisabeth Niebius
Design and layout by Emily Sear
Fact-checking by Kathrin Lilienthal
Published by Little Gestalten, Berlin 2020
Copyright©2020 by Die Gestalten Verlag GmbH & Co. KG

本书中文简体版权归属于银杏树下（上海）图书有限责任公司

北京市版权局著作权合同登记 图字：01-2021-5534

数字的故事

著　　者：[英]伊莎贝尔·托马斯　　[英]罗伯特·克兰顿
　　　　　[英]玛丽亚·伊丽莎白·尼比乌斯　　[英]拉斐尔·霍尼格斯坦
绘　　者：[斯洛伐克]丹妮拉·奥莱杰尼卡瓦
译　　者：一　川
出 品 人：赵红仕
选题策划：北京浪花朵朵文化传播有限公司
出版统筹：吴兴元
编辑统筹：彭　鹏
特约编辑：陆　叶
责任编辑：郭佳佳
营销推广：ONEBOOK
装帧制造：墨白空间·郑琼洁

北京联合出版公司出版
（北京市西城区德外大街 83 号楼 9 层　100088）
北京利丰雅高长城印刷有限公司　新华书店经销
字数 85 千字　889 毫米 × 1194 毫米　1/12　$5\frac{1}{3}$ 印张
2021 年 11 月第 1 版　2024 年 7 月第 9 次印刷
ISBN 978-7-5596-5586-8
定价：80.00 元

官方微博：@浪花朵朵童书
读者服务：reader@hinabook.com 188-1142-1266
投稿服务：onebook@hinabook.com 133-6631-2326
直销服务：buy@hinabook.com 133-6657-3072